Julian Beck

Indirekte Speicherung elektrischer Energie mit Hilfe von Wasserstoff

Julian Beck

Indirekte Speicherung elektrischer Energie mit Hilfe von Wasserstoff

Diplom.de

Bibliografische Information der Deutschen Nationalbibliothek:

Bibliografische Information der Deutschen Nationalbibliothek: Die Deutsche Bibliothek verzeichnet diese Publikation in der Deutschen Nationalbibliografie; detaillierte bibliografische Daten sind im Internet über http://dnb.d-nb.de/ abrufbar.

Copyright © 2012 Diplomica Verlag GmbH
Druck und Bindung: Books on Demand GmbH, Norderstedt Germany
ISBN: 978-3-95636-842-4

http://www.diplom.de/e-book/301062/indirekte-speicherung-elektrischer-energie-mit-hilfe-von-wasserstoff

Inhaltsverzeichnis

Formel- und Abkürzungsverzeichnis

Abkürzungen[1]

Hz	Hertz (Einheit für die Netzfrequenz)
g/l	Gramm pro Liter (Einheit für das spezifische Gewicht / Dichte)
kWh/m_N^3	Kilowattstunden pro Normkubikmeter[2] (Einheit für den Energiegehalt eines Stoffes (Heizwert) bzw. die aufzuwendende Energie bei Elektrolysevorgängen bei gasförmigen Stoffen)
kWh/l	Kilowattstunden pro Liter (Einheit für den Energiegehalt eines Stoffes (Heizwert) bzw. die aufzuwendende Energie bei Elektrolysevorgängen bei flüssigen Stoffen)
PEM	Proton-Exchange-Membrane
mol	Einheit für die Stoffmenge
kW	Kilowatt (Einheit für die Leistung)
MW	Megawatt (Einheit für die Leistung)

---

[1] Bei den Einheiten ist in Klammern der Verwendungszweck in der vorliegenden Arbeit aufgeführt.

[2] Unter einem Normkubikmeter versteht man einen Kubikmeter eines Stoffes bei Standardbedingungen (d.h. bei einer Temperatur von 298,15 K und einem Druck von 1,013 bar).

Formeln und Symbole

Kurzzeichen	Einheit	Benennung
ΔG	$\frac{kJ}{mol}$	Molare Freie Reaktionsenthalpie
ΔH	$\frac{kJ}{mol}$	Molare Reaktionsenthalpie
T	K	Absolute Temperatur (in Kelvin)(
ΔS	$\frac{J}{K \cdot mol}$	Molare Reaktionsentropie
$W_{el, min, mol}$	$\frac{kWh}{mol}$	Elektrische Mindestarbeit pro Mol
V_m	$\frac{m^3}{mol}$	Molares Normvolumen
$W_{el, min}$	$\frac{kWh}{m^3}$	Elektrische Mindestarbeit pro m_N^3
$W_{el, real}$	$\frac{kWh}{m^3}$	Elektrischer Energiebedarf pro m_N^3
H_u	$\frac{kWh}{m^3}$	Heizwert pro m_N^3
η_{el}	--	Elektrischer Wirkungsgrad
η_c	--	Carnot-Wirkungsgrad
T_1	K	Umgebungstemperatur
T_2	K	Betriebstemperatur
η_{BZ}	--	Wirkungsgrad der Brennstoffzelle
η_v	--	Spannungswirkungsgrad
U	V	Nutzbare Spannung
$U_{therm.}$	V	Thermodynamisches Potential
$\eta_{BZ, real}$	--	realer Brennstoffzellen-Wirkungsgrad
η_F	--	Umsatzwirkungsgrad
η_B	--	Betriebswirkungsgrad

Bildverzeichnis

Tabellenverzeichnis

Kurzfassung

Die vorliegende Arbeit befasst sich mit der indirekten Speicherung elektrischer Energie mit Hilfe von Wasserstoff. Eine Untersuchung dieses Sachverhalts fand anhand einer Recherche in Büchern, Zeitungen, Zeitschriften, Vorlesungsskripten und im Internet statt. Der Wasserstoff wird dabei mittels Elektrolyse aus Wasser gewonnen. Dazu soll der von fluktuierend einspeisenden, regenerativen Energien (vor allem Wind- und Sonnenenergie) erzeugte Überschussstrom verwendet werden. Zunächst wird der theoretische Energiebedarf der Elektrolyse berechnet und anschließend die alkalische Elektrolyse sowie die PEM- und Hochtemperaturelektrolyse vorgestellt. Der elektrolytisch hergestellte Wasserstoff kann dann in Druckgasspeichern, Flüssigwasserstoffspeichern oder chemischen Speichern gelagert werden. Anschließend soll der Wasserstoff in Brennstoffzellen oder Kraftwerken (z.B. Gas- und Dampfturbinenkraftwerk) rückverstromt werden. Neben der technischen wird auch die wirtschaftliche Seite betrachtet. Als grundsätzliches Ergebnis dieser Arbeit kann festgehalten werden, dass bei einem, den Plänen der Bundesregierung entsprechenden, Ausbau der regenerativen Energien ein Einstieg in eine Wasserstoffwirtschaft sinnvoll sein kann. Dafür ist jedoch noch großer Forschungs- und Entwicklungsbedarf vorhanden, um die Kosten- und Energieeffizienz zu steigern.

1   Problematik der Fluktuation stromerzeugender, regenerativer Energien

"Die Energiewende ist das größte Innovationsprojekt der Nachkriegszeit. Der künftige Erfolg des Industriestandorts Deutschland wird an ihrem Erfolg gemessen."[3]

Mit diesen Worten verdeutlichte Peter Altmaier, Bundesminister für Umwelt, Naturschutz und Reaktorsicherheit, dass Deutschland ein in zukünftigen Energiefragen schwieriger Weg bevorsteht. Die Bundesregierung legte in den Kabinettsbeschlüssen vom 6. Juni 2011, auf Basis des Energiekonzepts von September 2010, eine weitreichende Neuausrichtung der Energiepolitik fest. Hauptpunkte dieser Beschlüsse waren die Beendigung der Kernenergienutzung bis spätestens Ende 2022, ein verstärkter Einsatz erneuerbarer Energien in allen Sparten, Ausbau und Modernisierung der Stromnetze sowie eine Steigerung der Energieeffizienz mit modernen Technologien.

Diese Maßnahmen sollen zu einer starken Absenkung der Treibhausgasemissionen und zur Verminderung des Strom- und Primärenergieverbrauchs führen. Um dies zu realisieren, müssen heutige Energiesysteme, die überwiegend auf fossilen Ressourcen basieren und große Schadstoffmengen emittieren, durch leistungsfähige und kostengünstige Energietechniken auf Basis regenerativer Energien ergänzt bzw. ersetzt werden. Die Versorgungssicherheit der Bevölkerung und die Bezahlbarkeit der Energie müssen dabei weiterhin gewährleistet sein.

Im Jahr 2011 machte der Anteil der erneuerbaren Energien am Bruttoendenergieverbrauch noch 12,5 % aus, bis 2050 soll dieser auf 60 % ansteigen. Zudem sollen mindestens 80 % des Stromes aus erneuerbaren Energien erzeugt werden. Die Ziele der Bundesregierung für den Ausbau erneuerbarer Energien sind in Tabelle 1 zusammengestellt.

---

[3] Siehe Erneuerbare Energien in Zahlen, 2012, S.7

Tabelle 1: Ziele der Bundesregierung für den Anteil erneuerbarer Energien[4]

bis spätestens	EE-Anteil am Stromverbrauch [%]		EE-Anteil am Bruttoendenergieverbrauch [%]
2020	mindestens 35	2020	18
2030	mindestens 50	2030	30
2040	mindestens 65	2040	45
2050	mindestens 80	2050	60

Die Hauptproblematik liegt dabei in der Fluktuation des regenerativen Energieangebots. Die Stromproduktion aus Wind und Solarstrahlung beispielsweise ist stark von den meteorologischen Gegebenheiten abhängig und steht nicht immer dann zur Verfügung, wenn sie gerade gebraucht wird. Diese Angebotsschwankungen nehmen mit dem Zubau von Windkraft- und Photovoltaikanlagen enorm zu. Die Folge daraus ist, dass an sonnen- oder windreichen Tagen Situationen der Überschussenergieerzeugung entstehen, während an trüben, windstillen Tagen nicht genügend Strom zur Deckung der Nachfrage produziert werden kann. Es muss jedoch in jedem Moment genauso viel Strom erzeugt werden, wie vom Verbraucher nachgefragt wird.

Als Maß für das Ungleichgewicht zwischen Angebot und Nachfrage dient die Abweichung der Netzfrequenz von ihrem Sollwert, der in Westeuropa 50 Hz beträgt. Starke Abweichungen werden dabei nicht toleriert und würden zu Ausfällen des betroffenen Versorgungsnetzes führen. Um dies zu verhindern, muss die infolge des volatilen Angebots erzeugte Überschussenergie gespeichert werden, um dem Verbraucher bei erhöhter Nachfrage zur Verfügung zu stehen. Die Wichtigkeit derartiger Speicher wird aus den Angaben der Bundesnetzagentur deutlich. So wurden in 2009 bereits 74 und in 2010 127 Gigawattstunden elektrische Energie nicht ins Netz eingespeist

---

[4] Aus Erneuerbare Energien in Zahlen, 2012, S.11

und somit verschwendet[5]. Diese Zahl wird mit dem Ausbau erneuerbarer Energien weiter zunehmen, wenn nicht genügend Speichermöglichkeiten vorhanden sind.

Das elektrische Versorgungsnetzt verfügt jedoch über keine wesentliche Speicherkapazität und die direkte Speicherung elektrischer Energie (in Kondensatoren oder supraleitenden Spulen) ist schwierig und nur kurzzeitig möglich. Aus diesem Grund muss die elektrische Energie in eine andere Energieart umgewandelt und bei Bedarf zurückgewonnen werden. Jede Umwandlung und auch die Speicherung gehen allerdings immer mit Verlusten einher. In Bild 1 sind die Wirkungsgrade verschiedener Stromspeicher zusammengestellt.

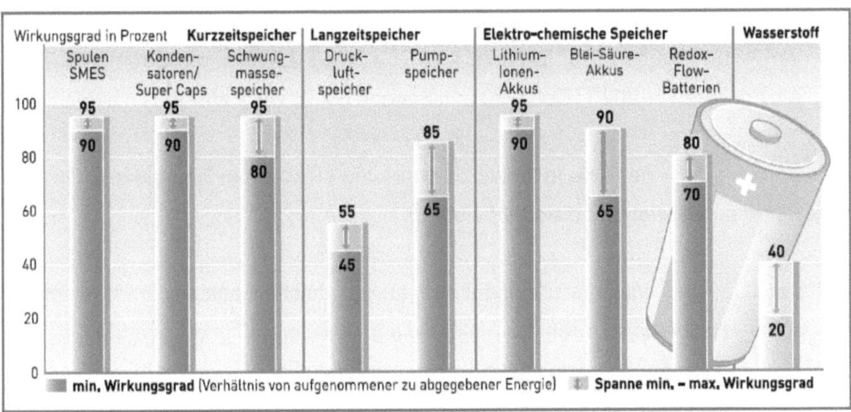

Bild 1: Wirkungsgrade verschiedener Stromspeicher[6]

Bisher findet die indirekte Speicherung elektrischer Überschussenergie fast ausschließlich in Pump- und Speicherwasserkraftwerken statt. Diese entsprechen dem Stand der Technik und stellen eine gute Möglichkeit zur Speicherung mit hohen Wirkungsgraden (65 bis 85 %, siehe Bild 1) dar. Für derartige Kraftwerke werden jedoch Standorte mit großem Platzbedarf für die Speicherseen sowie mit vorhandenem Gefälle benötigt. Diese Orte sind in Deutschland jedoch nur beschränkt vorhanden und

---

[5] Siehe Stuttgarter Zeitung, Regenerative Energiespeicher der Zukunft, Ausgabe 253, 2012

[6] Aus Renews Spezial, Ausgabe 57, 2007, S. 7

die Kapazität ist bereits weitestgehend ausgeschöpft, wodurch andere Technologien notwendig werden. Neben Akkumulatoren und der Druckluftspeicherung wird dabei momentan hauptsächlich die indirekte Speicherung elektrischer Energie in Form von Wasserstoff als Option angesehen. Einige prophezeien sogar, dass Wasserstoff als Energieträger das Potential hat, die Energieversorgung zu revolutionieren[7].

Die zur Herstellung des Sekundärenergieträgers Wasserstoff benötigte Primärenergie muss dabei nicht fossiler Natur sein, sondern kann aus erneuerbaren Energien gewonnenen werden. Der Einstieg in die sogenannte Wasserstoffwirtschaft[8] wird dann als Option angesehen, wenn der Anteil an fluktuierend einspeisenden Stromerzeugern (Wind, Sonne) ein solches Ausmaß erreicht, dass Stromangebot und – Nachfrage nur noch über zusätzliche Speicher angepasst werden können. Dies ist bei einem Anteil regenerativer Energieträger von 20 bis 25 % an der Stromerzeugung, also bereits vor 2020 (Ziel 2020 mindestens 35 %; vgl. Tabelle 1) notwendig.

Im Zuge dieser Arbeit soll die indirekte Speicherung elektrischer Energie in Form von Wasserstoff aufgezeigt und diskutiert werden.

Zur Herstellung des Wasserstoffs findet eine elektrolytische Spaltung von Wasser statt, wobei verschiedene Arten der Elektrolyse in Wasserstoff und Sauerstoff möglich sind. Auch andere Herstellungsverfahren sind praktikabel, werden hier aber nicht näher erörtert.

Weiterhin werden verschiedene Speichermöglichkeiten für Wasserstoff genannt und erörtert.

Der gespeicherte Wasserstoff kann dann bei Bedarf in Brennstoffzellen oder Gasturbinen- bzw. Gas- und Dampfturbinenanlagen in Strom und Wärme (Kraft-Wärme-

---

[7] Siehe z.B. Saale-Zeitung, Neuer Antrieb für die Brennstoffzelle, Ausgabe 237, 2012

[8] Der Begriff Wasserstoffwirtschaft umfasst die gesamte Kette von der Herstellung des Wasserstoffs über Speicherung und Transport bis hin zur Rückgewinnung von elektrischer und thermischer Energie.

Kopplung) zurückgewandelt werden. Neben der technischen muss auch die wirtschaftliche Seite einer solchen Wasserstoffwirtschaft Beachtung finden. In die Wirtschaftlichkeitsbetrachtung fließen vor allem Wirkungsgrade sowie Stromgestehungskosten ein. Ziel dieser Arbeit ist es, eine Abschätzung zu treffen, ob und wenn ja unter welchen Bedingungen, ein Einstieg in die Wasserstoffwirtschaft sinnvoll ist oder ob gänzlich davon abgesehen werden sollte.

2 Indirekte Speicherung elektrischer Energie mit Hilfe von Wasserstoff

2.1 Wasserstoff als Energieträger

Wasserstoff, meist in Molekülform (H_2) vorkommend, ist bei Umgebungstemperatur (25 °C) ein farb- und geruchloses, vollkommen ungiftiges und nicht reizendes Gas. Wasserstoff ist weiterhin leicht flüchtig und weder radioaktiv noch krebserregend. Die Siedetemperatur liegt bei -252,77 °C. Gasförmiger Wasserstoff weist ein sehr geringes spezifisches Gewicht von 0,0899 g/l auf (Luft ist etwa 14,4-mal so schwer), flüssiger Wasserstoff hat eine Dichte von 70,99 g/l. Der Gewichtsanteil von Wasserstoff am Element Wasser (H_2O) beträgt 11,2 %.

Wird Wasserstoff als Energieträger eingesetzt, handelt es sich um einen Sekundärenergieträger, der wie beispielsweise auch elektrischer Strom aus anderen Energieträgern hergestellt werden muss. Wasserstoff als Energieträger besitzt die höchste massebezogene Energiedichte. Gasförmiger Wasserstoff weist einen Heizwert von 3,0 kWh/m_N^3 auf, der Energiegehalt von flüssigem Wasserstoff beträgt 2,359 kWh/l[9]. Ein Kilogramm Wasserstoff enthält damit ebenso viel Energie wie 2,1 kg Erdgas oder 2,8 kg Benzin (bezogen auf den Heizwert)[10]. Die volumenbezogene Energiedichte beträgt allerdings nur ein Viertel derer von Benzin und ein Drittel derer von Erdgas. Bei der Angabe von Energiegehalten ist deshalb stets auf den Bezug zu achten.

Wird Wasserstoff verbrannt, weist er eine vielfach geringere Wärmeabstrahlung im Vergleich zu anderen Brenngasen auf, was auf den fehlenden Kohlenstoff zurückzuführen ist. Problematisch an Lagerung und Einsatz von Wasserstoff ist die relativ hohe Explosionsgefahr in Verbindung mit Sauerstoff. Die Reaktion der beiden Stoffe wird im allgemeinen Sprachgebrauch als "Knallgasreaktion" bezeichnet.

---

[9] Vgl. Geitmann, Wasserstoff und Brennstoffzellen, 2004, S. 54

[10] Siehe www.netinform.de/H2/Wegweiser

Wasserstoff als Energieträger muss über einen Herstellungsprozess, der Energie benötigt, aus Primärenergie gewonnen werden. Neben der Herstellung durch chemische Prozesse oder aus Biomasse, kann er auch durch Dampfreformierung aus dem im Erdgas primär enthaltenen Methan oder durch partielle Oxidation von Schweröl gewonnen werden. Bei den beiden letztgenannten Verfahren entstehen jedoch große Mengen des Treibhausgases Kohlenstoffdioxid (CO_2). Dies widerspricht der, in einer schriftlichen Erklärung vom europäischen Parlament, geforderten Einführung einer umweltfreundlichen Wasserstoffwirtschaft[11].

Die Erzeugung von Wasserstoff durch chemische Prozesse und aus Biomasse ist relativ kompliziert und aufwändig, die Elektrolyse hingegen ist ein wesentlich einfacherer Prozess. Im folgenden Kapitel wird näher auf die Elektrolyse von Wasser in Wasserstoff und Sauerstoff eingegangen.

2.2 Elektrolyse von Wasser in Wasserstoff und Sauerstoff

2.2.1 Grundlagen der Elektrolyse

Bei der Elektrolyse findet eine Zersetzung von destilliertem Wasser in Wasserstoff und Sauerstoff statt. Die Reaktionsgleichung lautet:

$$H_2O \rightarrow H_2 + \tfrac{1}{2}\,O_2 \tag{1}$$

Prinzipiell besteht die dafür nötige Einrichtung aus zwei Elektroden (Kathode und Anode) die in eine ionenleitende Flüssigkeit (Elektrolyt) eingetaucht sind. An die beiden Elektroden wird eine Gleichspannung angelegt. Diese liefert elektrische Energie und erzwingt eine Redoxreaktion. Dabei bildet die Kathode (in der Regel der Minuspol) den Ort der Reduktion (Elektronenaufnahme) und die Anode (Pluspol) den Ort der Oxidation (Elektronenabgabe). Um die entstehenden Produktgase getrennt zu halten, sind die beiden Reaktionsräume durch einen gasdichten Separator (Diaphragma) getrennt. Dieser muss allerdings durchlässig für Ionen sein, damit ein

---

[11] Siehe Erklärung des europäischen Parlaments 0016/2007

Transport der positiven und negativen Ladungsträger und damit ein Ladungsausgleich stattfinden können. Zwei sogenannte Gasabscheider trennen die entstandenen Gase schließlich von der Flüssigkeit ab.

Technisch relevant sind die alkalische Elektrolyse (AEL), die PEM-Wasserelektrolyse (PEMEL) und die Hochtemperaturelektrolyse (HTEL). Diese Elektrolysearten sind in Kapitel 2.3 näher beschrieben. Bei den verschiedenen Elektrolysearten finden unterschiedliche Teilreaktionen an Kathode und Anode statt, der Ladungsausgleich wird bei den drei verschiedenen Elektrolysearten durch unterschiedliche Ladungsträger realisiert. In Tabelle 2 sind die verschiedenen Halbzellenreaktionen, Ladungsträger und Temperaturbereiche der drei genannten Arten der Wasserelektrolyse zusammengefasst. Die Tabelle zeigt, dass sowohl bei der alkalischen Elektrolyse als auch bei der Hochtemperaturelektrolyse Anionen die Ladungsträger sind. Bei der PEM-Wasserelektrolyse übernehmen Kationen den Ladungsausgleich.

Tabelle 2: Halbzellenreaktionen, typische Temperaturbereiche und Ladungsträger der drei wesentlichen Arten der Wasserelektrolyse[12]

Technologie	Temperaturbereich	Kathodenreaktion (HER)	Ladungsträger	Anodenreaktion (OER)
AEL	40 - 90 °C	$2H_2O + 2e^- \Rightarrow H_2 + 2OH^-$	OH^-	$2OH^- \Rightarrow \frac{1}{2}O_2 + H_2O + 2e^-$
PEMEL	20 - 100 °C	$2H^+ + 2e^- \Rightarrow H_2$	H^+	$H_2O \Rightarrow \frac{1}{2}O_2 + 2H^+ + 2e^-$
HTEL (SOEL)	700 - 1000 °C	$H_2O + 2e^- \Rightarrow H_2 + O^{2-}$	O^{2-}	$O^{2-} \Rightarrow \frac{1}{2}O_2 + 2e^-$

Zur Bewertung der unterschiedlichen Elektrolysearten gibt es einige wichtige Kriterien[13]. Wichtigstes Kriterium ist der Wirkungsgrad der Elektrolyse (siehe Kapitel 2.2.2). Daneben müssen ökonomische Parameter wie Investitions- und Betriebskosten beachtet werden. Betriebskosten schließen auch den Stromverbrauch für die Elektrolyse mit ein. Weitere Kriterien sind die Eignung für Teillastbetrieb, die Reakti-

---

[12] Aus Smolinka et al., NOW-Studie, 2011, S. 7

[13] Vgl. Smolinka et al., NOW-Studie, 2011, S. 9

on auf Überlastung, die Dynamik beim Anfahren, die Verfügbarkeit (Stunden pro Jahr) sowie eventuell nötige Zusatzeinrichtungen.

2.2.2 Berechnung des theoretischen Strombedarfs und des Wirkungsgrades der Elektrolyse

In diesem Abschnitt soll der theoretische Strombedarf der Elektrolyse von Wasser in Wasserstoff und Sauerstoff berechnet werden. Die Spaltungsreaktion ist Kapitel 2.2.1 (Formel 1) zu entnehmen. Der theoretische Gesamtelektrizitätsbedarf wird durch die freie Reaktionsenthalpie[14] (ΔG) beschrieben[15].

Die freie Reaktionsenthalpie kann durch die Grundgleichung der Thermodynamik (Gibbs-Helmholtz-Gleichung) berechnet werden:

$$\Delta G = \Delta H - T \cdot \Delta S \qquad (2)$$

Die Werte für die Reaktionsenthalpie[16] und die freie Reaktionsenthalpie bei Standardbedingungen[17] können aus Tabellen entnommen werden[18]:

$$\Delta H° = 285{,}83 \ \tfrac{kJ}{mol}$$

$$\Delta G° = 237{,}13 \ \tfrac{kJ}{mol}$$

Somit kann die elektrische Mindestarbeit für die Wasserspaltung direkt abgelesen werden. Sie gilt für 1 mol Wasserstoff.

---

[14] Die freie Reaktionsenthalpie wird auch als Gibbs-Energie bezeichnet und stellt ein thermodynamisches Potential und somit ein Maß für die Triebkraft eines Prozesses dar.

[15] Vgl. Smolinka et al., NOW-Studie, 2011, S. 16

[16] Die Reaktionsenthalpie gibt die Änderung der Enthalpie im Verlauf einer Reaktion an, also den Energieumsatz einer bei konstantem Druck durchgeführten Reaktion.

[17] Standardbedingungen bedeuten eine Temperatur von 298,15 K bei einem Druck von 1,013 bar.

[18] Aus Atkins, Physikalische Chemie, 1990, Tabelle 4-1, S.860

$$W_{el,\,min,\,mol} = \Delta G° = 237{,}13\ \frac{kJ}{mol} = 237130\ \frac{Ws}{mol} = 0{,}066\ \frac{kWh}{mol} \qquad (3)$$

Unter der Annahme, dass es sich bei Wasserstoff um ein ideales Gas handelt, beträgt das molare Normvolumen von Wasserstoff[19]:

$$V_m = 2{,}4465 \cdot 10^{-2}\ \frac{m^3}{mol}$$

Die elektrische Mindestarbeit für einen Normkubikmeter Wasserstoff errechnet sich dann zu:

$$W_{el,\,min} = \frac{\Delta G°}{V(m)} = 2{,}69\ \frac{kWh}{m^3} \qquad (4)$$

Der tatsächliche Wert der elektrischen Arbeit ($W_{el,\,real}$) ist aufgrund von Verlusten in der Elektrolysezelle höher als die elektrische Mindestarbeit. In Tabelle 3 sind die Eckdaten verschiedener Wasserelektrolyseure dargestellt, darunter auch die benötigte elektrische Energie pro Normkubikmeter Wasserstoff. Es wird deutlich, dass die Werte teilweise deutlich über dem theoretisch berechnetem Energiebedarf liegen. Eine Ausnahme bildet die Hochtemperaturelektrolyse, die aufgrund der deutlich höheren Arbeitstemperaturen eine niedrigere elektrische Mindestarbeit aufweist (siehe Kapitel 2.2.3.3).

---

[19] Vgl. Atkins, Physikalische Chemie, 1990, S. 26

Tabelle 3: Eckdaten verschiedener Wasserelektrolyseure[20]

Parameter		Alkalische Elektrolyse	Fortgeschr. Alkalische Elektrolyse	HT-Elektrolyse (autotherm)	HT-Elektrolyse (allotherm)
Temperatur	°C	80	90–120	900	900
Druck	bar	15	30	20	20
Elektrische Energie	kWh_{el}/Nm^3H_2	4,6	4,0	3,2	2,6
NT-Wärme (Dampf)	kWh_{th}/Nm^3H_2	-	-	0,6	0,6
HT-Wärme	kWh_{el}/Nm^3H_2	-	-	-	0,5

Der Wirkungsgrad der Elektrolyse kann nun theoretisch aus dem Quotienten von elektrischer Mindestarbeit und tatsächlich benötigter elektrischer Energie berechnet werden. In der Fachliteratur, z.B. in [13], [18] oder [20], wird der Wirkungsgrad jedoch aus dem Quotienten des Heizwerts pro Normkubikmeters gasförmigen Wasserstoffes (3,0 kWh/m_N^3) und der tatsächlich benötigten elektrischen Energie berechnet. Die Formel lautet dann:

$$\eta_{el} = \frac{Hu}{W_{(el,real)}} \tag{5}$$

2.2.3 Elektrolysearten

2.2.3.1 Alkalische Elektrolyse

Die alkalische Elektrolyse wird seit über 80 Jahren kommerziell eingesetzt. Sie arbeitet mit alkalischen, wässrigen Elektrolyten (Kalilauge). Anoden- und Kathodenraum sind über ein mikroporöses Diaphragma getrennt. Aufbau und Funktionsprinzip einer bipolaren alkalischen Elektrolysezelle sind in Bild 2 dargestellt.

---

[20] Aus Tamme et al., Solarer Wasserstoff, 2002, S. 103

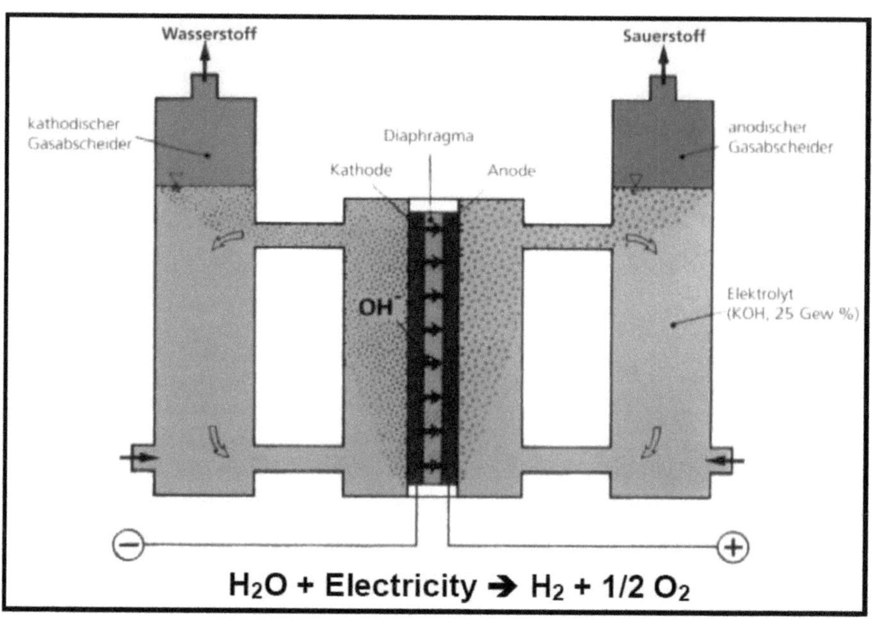

Bild 2: Funktionsprinzip einer bipolaren alkalischen Elektrolysezelle[21]

Auf dem Markt verfügbar sind sowohl Elektrolyseure, die bei Umgebungsdruck arbeiten als auch Druckelektrolyseure. Da Wasserstoff in der Regel bei größerem Druck als der Umgebungsdruck gespeichert wird, sind Druckelektrolyseure meist von Vorteil. Sie zeichnen sich durch den niedrigeren Platzbedarf und den geringeren Investitionsbedarf durch weniger Kompressorstufen aus. Ihr Energieverbrauch von 4,5 bis 5 kWh/m_N^3 liegt zwar über dem Strombedarf bei atmosphärischem Betrieb (4,1 bis 4,5 kWh/m_N^3)[22], für die Verdichtung von bei Umgebungsdruck hergestelltem Wasserstoff ist jedoch eine weitere Energiezufuhr notwendig.

Rein auf die Elektrolyse bezogen, ergeben sich daraus Wirkungsgrade zwischen 66 und 73 % für die Elektrolyse bei atmosphärischem Betrieb, sowie zwischen 60 und

---

[21] Aus Brinner et al., Dezentrale Herstellung von Wasserstoff, 2002, S. 2

[22] Siehe Smolinka et al., NOW-Studie, 2011, S. 11

66 % für die Druckelektrolyse (bezogen auf den Heizwert siehe Kapitel 2.2.2, Formel 5).

Aufgrund der Korrosionsbeständigkeit werden Nickelelektroden oder Elektroden aus billigeren Metallen mit Nickelüberzug eingesetzt. Eine Weiterentwicklung der letzten Jahre war die katalytische Aktivierung der Elektroden. Durch die damit einhergehende Beschleunigung der Spaltungsreaktion können Wirkungsgrade zwischen 74 und 82 % bezogen auf den Heizwert erreicht werden[23].

Die alkalische Elektrolyse ist technisch ausgereift und zeichnet sich durch ihre Zuverlässigkeit und hohe jährliche Verfügbarkeit aus. Nachteilig ist, dass Lastsprünge in der Gleichspannung mit der Zeit aufgrund der mechanischen Belastung zur Lebensdauerreduzierung führen. Dies ist besonders bei der Kombination mit regenerativer Stromerzeugungstechnologie problematisch, da diese fluktuierend elektrische Energie liefern (siehe Kapitel 1). Modernste Anlagen reagieren jedoch wesentlich unempfindlicher auf Lastsprünge. Weiterer Nachteil alkalischer Elektrolyseure ist die schlechte Dynamik dieser Anlagen, die sich im aufwändigen Wiederanfahren bemerkbar macht. Auch das längere Fahren der Anlage im Teillastbereich ist problematisch. Einerseits nimmt zwar der Wirkungsgrad im Teillastbereich proportional zur fallenden Stromdichte[24] zu, andererseits wird ein verstärkter Elektrodenverschleiß verursacht.

2.2.3.2 PEM-Wasserelektrolyse

Eine weitere Elektrolyseart ist die PEM(= Proton-Exchange-Membrane)-Wasserelektrolyse. Diese wird momentan vor allem in Nischenanwendungen und im kleinen Leistungsbereich sowie in Bereichen, in denen der Gesamtwirkungsgrad nicht von entscheidender Bedeutung ist, eingesetzt. Eine Funktionsskizze eines

---

[23] Vgl. Klaus et al., Energieziel 2050, 2010, S. 51

[24] Die Stromdichte gibt an, wie viele Ladungsträger in einer Sekunde einen Leiter mit einem bestimmten Leiterquerschnitt durchfließen.

PEM-Wasserelektrolyseurs ist in Bild 3 dargestellt. Eine Protonen leitende Membran dient bei diesen Anlagen als Elektrolyt.

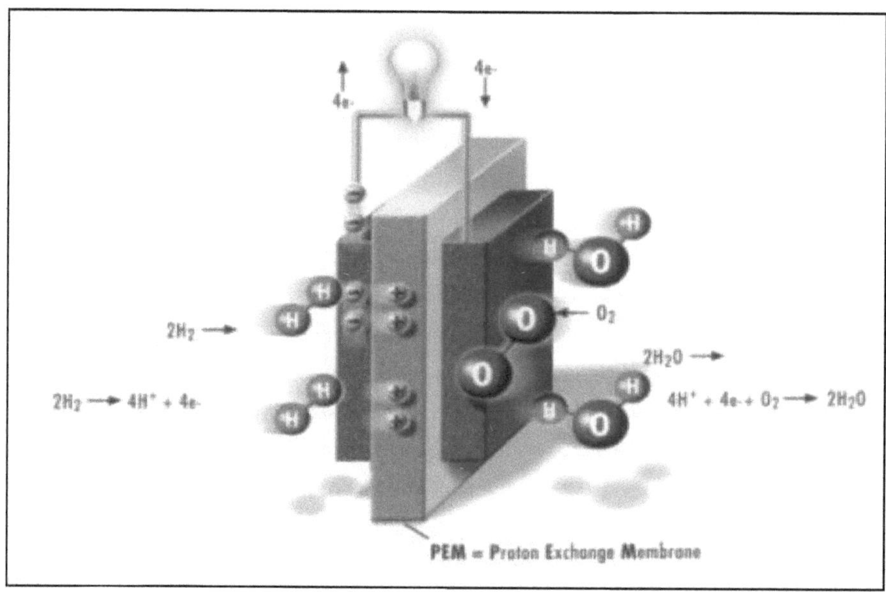

Bild 3: Funktionsskizze eines PEM-Wasserelektrolyseurs[25]

Die Elektrolyseure arbeiten entweder bei einem absoluten Druckniveau von 16 bar oder 31 bar. Aktuell im Entwicklungsstadium befinden sich Elektrolyseure, die bei 138 bar absolut arbeiten.

Der Energieverbrauch der PEM-Wasserelektrolyse liegt bei 6 bis 8 kWh/m_N^3, was einem Wirkungsgrad von 37,5 bis 50 % entspricht (nach Formel 5)[26]. Damit ist deutlich schlechter als der der alkalischen Elektrolyse.

---

[25] Aus www.diebrennstoffzelle.de/zelltypen/pemfc

[26] Vgl. Smolinka et al., NOW-Studie, 2011, S. 13

Vorteile sind hingegen ein gutes Teillastverhalten, die unempfindliche Reaktion auf kurzzeitige Überlastungen und das schnelle, dynamische Anfahrverhalten. Durch das gute Teillastverhalten und die Unempfindlichkeit gegen Überlastungen haben PEM-Wasserelektrolyseure großes Potential für den Einsatz im fluktuierenden Betrieb.

2.2.3.3 Hochtemperaturelektrolyse

Als interessante Alternative, deren Technik sich allerdings noch im Stadium der Grundlagenforschung befindet, ist die Hochtemperaturelektrolyse anzusehen. Vorteil wäre, einen Teil der zur Spaltung des Wassers notwendigen Energie in Form von Hochtemperaturwärme einzubringen, um dann die Elektrolyse mit reduziertem elektrischem Aufwand zu vollziehen[27].

Vereinfacht lässt sich dieses Prinzip mit Hilfe der ersten Ulich-Näherung erklären, die die freie Reaktionsenthalpie ΔG bei einer bestimmten Temperatur (größer als die Standardtemperatur) in guter Näherung berechnet:

$$\Delta G\,(T) = \Delta H° - T \cdot \Delta S° \tag{6}$$

Die Reaktionsenthalpie und die Reaktionsentropie ändern sich mit steigender Temperatur nur geringfügig und werden in der ersten Ulich-Näherung als konstant angenommen. Somit sinkt der Bedarf an elektrischer Energie (freie Reaktionsenthalpie) proportional zur steigenden Temperatur.

Dabei wird die molare Reaktionsentropie bei Standardbedingungen $\Delta S°$ wie folgt berechnet:

$$\Delta S° = \Sigma\,\Delta S°\,(\text{Produkte}) - \Sigma\,\Delta S°\,(\text{Edukte}) \tag{7}$$

---

[27] Vgl. Smolinka et al., NOW-Studie, 2011, S. 16

Die Produkte bei der Elektrolyse des Eduktes Wasser sind Wasserstoff und Sauerstoff. Setzt man die entsprechenden Werte für die Standardreaktionsentropie[28] ein, so ergibt sich:

$$\Delta S^\circ = 163{,}343 \; \frac{J}{K \cdot mol}$$

Das Einsetzen dieses Wertes in die erste Ulich-Näherung (Formel 6) ergibt die bei einer Temperatur von 800 °C (1073,15 K) für 1 mol Wasserstoff benötigte elektrische Mindestarbeit.

$$\Delta G\,(T) = W_{el,\,min} = 110{,}54 \; \frac{kJ}{mol}$$

Führt man nun die in Kapitel 2.2.1 (Formel 4) praktizierte Rechnung für diesen Wert durch, ergibt sich für die elektrische Mindestarbeit pro Normkubikmeter Wasserstoff:

$$W_{el,\,min} = \frac{\Delta G\,(T)}{V(m_N^3)} = 1{,}255 \; \frac{kWh}{m_N^3}$$

Dieser Wert kann zwar nicht als exakt angesehen werden, lässt jedoch tendenziell erkennen, wie die zu leistende elektrische Mindestarbeit bei der Elektrolyse mit steigender Temperatur abnimmt.

Die tatsächlich benötigte elektrische Energie liegt jedoch wiederum deutlich über dem theoretisch berechneten Wert. Wie aus Tabelle 3 (siehe Kapitel 2.2.2) zu entnehmen ist, liegt der Wert für die autotherme Hochtemperaturelektrolyse bei 3,2 kWh/m_N^3, der für die allotherme Hochtemperaturelektrolyse bei 2,6 kWh/m_N^3. Unter einer autothermen Reaktion versteht man eine Reaktion, deren Gesamtprozess unabhängig von äußerer Wärmezufuhr abläuft. Das bedeutet, dass die für die Hochtemperaturelektrolyse benötigten Temperaturen (800-1000 °C) aus der Abwärme der

---

[28] Aus Atkins, Physikalische Chemie, 1990, Tabelle 4-1, S.860 f.

Elektrolyse gewonnen werden. Bei allothermen Reaktionen hingegen wird die Wärme von außen eingebracht.

Bezieht man diese Werte zur Wirkungsgradberechnung wieder auf den Heizwert von Wasserstoff (siehe Formel 5), so erhält man für die autotherme Hochtemperaturelektrolyse einen äußerst hohen Wirkungsgrad von über 93 %. Bei der allothermen Hochtemperaturelektrolyse würden theoretisch sogar Wirkungsgrade über 100 % errechnet werden. Dies ist jedoch in der Praxis nicht möglich. Vielmehr müsste in die Energiebilanz die von außen zugeführte Wärme mit einbezogen werden, wodurch der Energiebedarf sich in der Nähe der autothermen Hochtemperaturelektrolyse befindet.

Es lässt sich erkennen, dass die Hochtemperaturelektrolyse aus Sicht des Wirkungsgrades eine sehr interessante Option darstellt, besonders dann, wenn viel Abwärme aus einem anderen Prozess zur Verfügung steht. Denkbar wäre beispielsweise, die im Solarkonzentrator eines Solarturmkraftwerks produzierte Abwärme (über 1000 °C möglich) für die Hochtemperaturelektrolyse zu nutzen[29]. Derartige Anlagen sind jedoch nur in Ländern mit viel direkter Sonneneinstrahlung (z.B. Mittelmeerraum) wirtschaftlich zu betreiben.

Nachteilig an Anlagen zur Hochtemperaturelektrolyse sind jedoch die langen Anfahrzeiten und das schlechte dynamische Verhalten. Weiterhin weisen diese Anlagen chemische (Korrosion) und mechanische (Verschleiß) Materialprobleme bei Lastschwankungen auf. Aus diesem Grund sind Hochtemperaturelektrolyseure aus technischer Sicht weniger für den Einsatz in Verbindung mit regenerativen Energiequellen geeignet.

2.3 Speicherung des Wasserstoffes

Wird der elektrolytisch erzeugte Wasserstoff nicht direkt rückverstromt, ist eine Speicherung notwendig. Die Speicherung von Wasserstoff stellt bisher eine große Her-

---

[29] Vgl. auch Sternfeld, Vorlesungsskript Wasserstofftechnik, 2011

ausforderung da, da Wasserstoff leicht flüchtig ist und riesige Volumina besitzt (vgl. Kapitel 2.1).

In Bild 4 sind die bereits praktizierten bzw. für die zukünftige Anwendung diskutierten Speichermethoden von Wasserstoff zusammengefasst. Man unterscheidet zwischen Druckgasspeicherung, Flüssigwasserstoffspeicher und chemischen Wasserstoffspeichern. In den folgenden Kapiteln wird auf die verschiedenen Speichermöglichkeiten näher eingegangen.

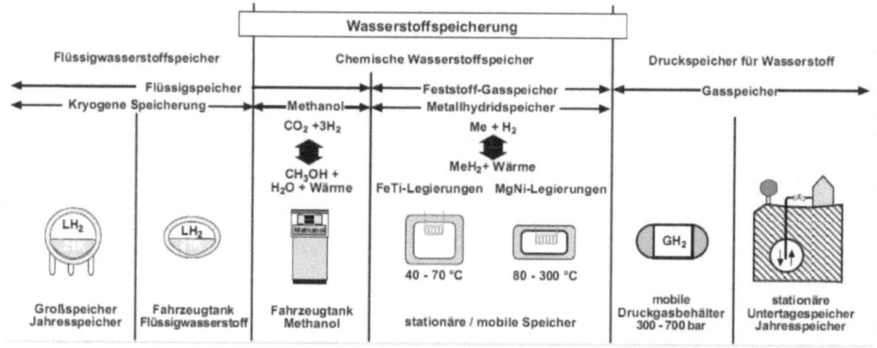

Bild 4: Übersicht über die Speichermethoden von Wasserstoff[30]

2.3.1 Druckgasspeicherung

Bei der Druckgasspeicherung wird der Wasserstoff unter einem höheren Druck als der Umgebungsdruck gespeichert. Moderne Druckgasbehälter sind dabei aus Verbundmaterialien hergestellt, die sehr viel leichter als üblicherweise eingesetzte Stahlflaschen sind. Aufgebaut sind sie aus einem dünnen Innenbehälter aus Aluminium oder Polyethylen, der außen mit Kohle- bzw. Glasfasern verstärkt ist. So sind Speicherdrücke bis 700 bar möglich (siehe Bild 4).

---

[30] Aus Energieagentur NRW, Wasserstoff, 2007, S. 21

Der Vorteil der Druckgasspeicherung ist, dass sich gemäß den thermodynamischen Regeln das Volumen von Gasen verringert, wenn der Druck erhöht wird. Allerdings ist für die Druckgasspeicherung auch Energie nötig. Beispielsweise sind für die Druckerhöhung von bei Atmosphärendruck hergestelltem Wasserstoff auf 30 bar 0,2 kWh/m_N^3 nötig[31].

Zukünftig könnten große Wasserstoffmengen für die Energiewirtschaft auch in unterirdischen Kavernenspeichern eingelagert werden, die bisher als Erdgasspeicher genutzt werden. Deren Nutzung bei Speicherdrücken bis 50 bar ist nach Stand der Technik relativ unkompliziert realisierbar.

2.3.2 Flüssigwasserstoffspeicher

Wasserstoff besitzt die höchste volumenbezogene Speicherdichte, wenn er vor der Speicherung verflüssigt wurde. Dabei liegt der Vorteil im vielfach geringeren Speichervolumen. Die Speicherung von Flüssigwasserstoff wird in Tanks für flüssige, tiefkalte Gase realisiert. Diese sogenannten Kryotanks sind doppelwandig und vakuumisoliert, um den Eintrag von Wärme und somit Verluste durch Verdampfen von Wasserstoff nahezu zu verhindern.

Dem Vorteil der besseren Speicherung steht der Nachteil des hohen Energieaufwands für die Verflüssigung gegenüber. Dieser resultiert hauptsächlich daraus, dass Wasserstoff dazu bis auf den Siedepunkt (-253 °C) abgekühlt oder hohen Drücken ausgesetzt werden muss. Theoretisch ist dafür eine elektrische Arbeit von 3,92 kWh pro Kilogramm Wasserstoff nötig, der praktische Energieaufwand beträgt jedoch mindestens 10 kWh pro Kilogramm[32]. Dies entspricht in etwa 0,7 kWh/l und damit fast einem Drittel des Heizwertes von flüssigem Wasserstoff (siehe Kapitel 2.1). Dieser hohe Energieeintrag für Abkühlung und Verflüssigung ist in einer Wasserstoffwirtschaft nur bei großen Speichermengen rentabel, z.B. bei der saisonalen Energiespeicherung in Großbehältern.

---

[31] Siehe Smolinka et al., NOW-Studie, 2011, S. 11

[32] Vgl. Geitmann, Wasserstoff und Brennstoffzellen, 2004, S. 78

2.3.3 Chemische Speicher

2.3.3.1 Metallhydridspeicher[33]

Metallhydridspeicher sind Feststoff-Gasspeicher, bestehend aus bestimmten Metallen und Metalllegierungen, die Wasserstoff absorbieren und Metallhydride bilden. Das Prinzip ist vergleichbar mit einem Schwamm, der sich mit Wasser füllt, und beruht auf der Grundidee, dass innerhalb eines gewissen Gleichgewichtszustandes, der durch eine bestimmte Temperatur und einen bestimmten Druck gekennzeichnet ist, große Wasserstoffmengen an einem Material gebunden werden können. Bei der Bildung der Metallhydride werden Wasserstoffmoleküle (H_2) gespalten und die Wasserstoffatome auf Zwischengitterplätzen geeigneter Metalle und Metalllegierungen eingebaut. Geeignete Metalle zur Bildung von Metallhydriden sind beispielsweise Palladium, Magnesium und Lanthan. Weiterhin sind bestimmte intermetallische Verbindungen, mehrphasige Legierungen (aus Titan und Nickel oder Magnesium und Nickel) sowie Leichtmetall-Hydride (nanokristalline Hydride) geeignet. Insgesamt können diese allerdings nur einen geringen prozentualen Anteil ihres Eigengewichts an Wasserstoff speichern. Präzise Werte sind in der Fachliteratur schwer zu finden, sie bewegen sich jedoch meist im einstelligen Prozentbereich. In [13] wird beispielsweise die Zahl 2 % des Eigengewichts genannt.

Bei der Bildung eines Metallhydrids wird Wärme frei. Diese muss bei der Dehydrierung wieder zugeführt werden. Zur praktischen Anwendung kommen deshalb hauptsächlich Metallhydride, bei denen nur wenig Wärme zur Rückgewinnung des Wasserstoffs zugeführt werden muss. Die Dehydrierungstemperatur von Metallhydriden auf Titanbasis liegt beispielsweise nur knapp über Raumtemperatur.

Die Speicherung von Wasserstoff in Metallhydriden hat eine Reihe interessanter Vorzüge. Diese sind vor allem die hohe volumenbezogene Speicherdichte, die Speicherung bei geringem Druck, das Wegfallen von Abdampfverlusten, die reinigende Wirkung für Wasserstoff sowie die Vorteile bei Handhabung und Sicherheit. Letztgenanntes resultiert daraus, dass der Wasserstoff auch bei Beschädigung des Speichers gebunden bleibt, da eine Wärmezufuhr zur Freisetzung nötig ist. Nachteilig hingegen sind die hohen Materialkosten, die großen Massen der Speicher und die lange Dauer der Hydrierung. Aus diesem Grund muss die volumenbezogene Speicherdichte so hoch sein, dass der Nachteil des zusätzlichen Materials (Masse und Kosten) gegenüber anderen Technologien kompensiert wird.

2.3.3.2 Adsorptionsspeicher

Auch bestimmte nichtmetallische Materialien mit großer innerer Oberfläche und geeigneter Porengröße eigen sich als Adsorptionsspeicher. Beispiele für solche Stoffe sind poröser Kohlenstoff, Zeolithe oder mikroporöse Polymere. Diese haben die Eigenschaft bestimmte Gase bevorzugt anzulagern oder den Ablauf chemischer Reaktionen zu beschleunigen.

Werden sie zur Speicherung von Wasserstoff eingesetzt, so werden die Wasserstoffmoleküle nur durch physikalische Adsorptionskräfte gebunden und dringen nicht in den eigentlichen Speicher ein. Der Wasserstoff bleibt weiterhin gasförmig. Um eine verhältnismäßig gute Speicherkapazität zu erreichen, müssen die Adsorptionsspeicher bei tiefen Temperaturen eingesetzt werden. Wie bei den Metallhydrid-Speichern entsteht auch hier Abwärme beim Betanken, die zur Rückgewinnung des Wasserstoffs wieder aufgebracht werden muss.

Die Technologie nichtmetallischer Adsorptionsspeicher befindet sich noch im Entwicklungsstadium. Der Nachweis einer sinnvollen und effizienten Einsetzbarkeit steht noch aus. Ein großes Problem sind dabei die hohen Speicherverluste von ungefähr 11,5 % des Wasserstoffes[34].

---

[33] Zur Technik der Wasserstoffspeicherung in Metallhydriden siehe auch Geitmann, Wasserstoff und Brennstoffzellen, 2004, S. 94 ff.

[34] Vgl. Koordinierungskreis Chemische Energieforschung, Energieversorgung der Zukunft, 2009, S. 32

2.3.3.3 Organische Speicher

Ebenso im Forschungsstadium befinden sich organische Wasserstoffträgermaterialien, in der Fachspreche *Liquid Organic Hydrogen Carriers*, kurz LOHC genannt. Hauptsächlich ist damit der Stoff N-Ethylcarbazol (kurz Carbazol) gemeint, der bisher lediglich als Farbstoff in lilafarbenen Schokoladenverpackungen verwendet wurde[35]. Dieser Stoff wird zwar momentan noch aus fossilen Materialien hergestellt, es gibt aber auch Wege, Carbazol künstlich zu gewinnen.

N-Ethylcarbazol wird in einem exothermen Prozess unter Druck und bei erhöhter Temperatur in das mit Wasserstoff beladene Perhydro-Carbazol hydriert. Für die Erzeugung von einem Kilogramm Perhydro-Carbazol müssen dem Prozess 2,8 kWh zugeführt werden. Perhydro-Carbazol hat dann einen Heizwert von 1,9 kWh/kg. Die Differenz (0,9 kWh/kg) fällt als Abwärme an[36]. Die schematische chemische Reaktion von N-Ethylcarbazol zu Perhydro-Carbazol ist in Bild 5 dargestellt. Pro Molekül Carbazol können demzufolge sechs Wasserstoffmoleküle gespeichert werden.

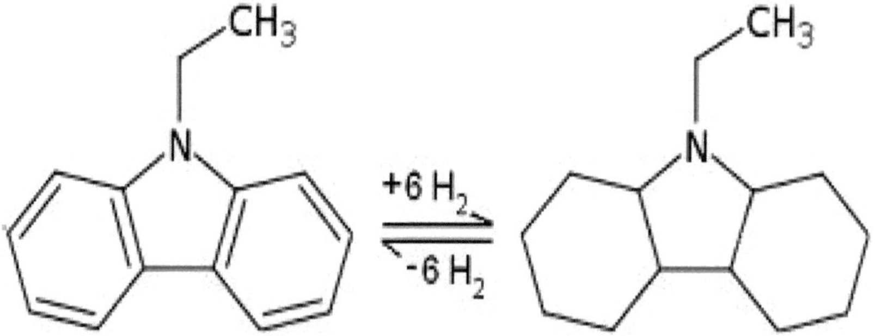

Bild 5: Reaktion von N-Ethylcarbazol zu Perhydro-Carbazol[37]

---

[35] Vgl. Saale-Zeitung, Neuer Antrieb für die Brennstoffzelle, Ausgabe 237, 2012

[36] Siehe www.elektor.de/elektronik-news/carbazol-das-elektrische-benzin

[37] Aus www.wikimedia.org/wikipedia/commons/6/60/Perhydro-N-Carbazol.PNG

Mit diesem Material kann Wasserstoff mit hoher Speicherdichte über große Zeiträume verlustfrei und ohne Druckbehälter gelagert werden. Vorteilhaft ist auch, dass das Carbazol bei der Freisetzung von Wasserstoff nur unwesentlich verbraucht wird. Weiterhin kann Carbazol durch seine schwere Entflammbarkeit sicher gelagert werden. Einziger Nachteil ist nach jetzigem Kenntnisstand die relativ hohe Energiezufuhr, die zur Beladung nötig ist.

3 Rückgewinnung elektrischer und thermischer Energie aus Wasserstoff

Als nächstes Glied in der Kette der Wasserstoffwirtschaft wird aus dem Sekundär-energieträger Wasserstoff elektrische und thermische Energie zurückgewonnen. Im Folgenden wird auf verschiedene Technologien der Rückgewinnung von Wärme und Strom eingegangen und ein Pilotprojekt der Firma Enertrag im brandenburgischen Prenzlau vorgestellt.

3.1 Elektrochemische Energiewandlung in der Brennstoffzelle

Bei der Brennstoffzelle handelt es sich um einen elektrochemischen Energiewandler, der bei konstanter Zugabe von Brennstoff (Wasserstoff) und Oxidationsmittel (Sauer-stoff) kontinuierlich elektrische Energie liefert. In der Brennstoffzelle findet eine "kalte" Verbrennung statt[38]. Diese Bezeichnung entsteht aus der Tatsache, dass eine Brennstoffzelle, im Gegensatz zu Verbrennungsmotoren, viel elektrische Energie bei relativ geringer Wärmeproduktion liefert. Daraus lässt sich bereits die hohe Strom-kennzahl[39] als ein großer Vorteil der Brennstoffzellen ableiten. Da die bei Verbren-nungsprozessen entstehende Abwärme nur mit erheblichem Aufwand weiter nutzbar gemacht werden kann, wird Strom als höher bewertete Energieform im Vergleich zu Wärme eingestuft. Eine hohe Stromkennzahl ist deshalb positiv zu bewerten.

Prinzipiell finden in einer Brennstoffzelle die umgekehrten Basisreaktionen wie bei der Elektrolyse (siehe Kapitel 2.2) statt. An der Anode wird das Brenngas Wasser-stoff oxidiert, an der Kathode der Sauerstoff reduziert.

---

[38] Zur "kalten" Verbrennung siehe auch www.dlr.de/next

[39] Die Stromkennzahl wird aus dem Energiemengenverhältnis von erzeugter Elektrizität zur produzier-ten Wärme berechnet.

Die Reaktionsgleichungen an Anode (Formel 8) und Kathode (Formel 9) lauten:

$$H_2 \rightarrow 2\,H^+ + 2\,e^- \tag{8}$$

$$\tfrac{1}{2}\,O_2 + 2\,H^+ + 2\,e^- \rightarrow H_2O \tag{9}$$

Die beiden Elektroden bestehen meist aus Metall oder Kohlenstoffnanoröhrchen und sind mit einem Katalysator (Platin oder Palladium) beschichtet. Die beiden Reaktionsräume sind durch einen Elektrolyten voneinander getrennt. Als Elektrolyt können Laugen, Säuren, Alkalicarbonatschmelzen aber auch Keramiken und semipermeable Membranen dienen.

In einer Brennstoffzelle wird die chemische Reaktionsenergie direkt in elektrische Energie umgewandelt. Damit unterliegt sie nicht dem schlechten Wirkungsgrad von Wärme-Kraft-Maschinen, die zunächst aus der chemischen thermische Energie erzeugt und diese später in mechanische bzw. elektrische Energie umwandelt. Der theoretisch erreichbare Wirkungsgrad von Wärme-Kraft-Maschinen (Verbrennungsmotoren) ist durch den Carnot-Wirkungsgrad beschränkt.

$$\eta_c = \frac{T_2 - T_1}{T_2} \tag{10}$$

Der Carnot-Wirkungsgrad steigt damit mit steigender Betriebstemperatur (T_2).

In der Brennstoffzelle wird die bei der Elektrolyse berechnete elektrische Mindestarbeit (siehe Kapitel 2.2.2, Formel 4) theoretisch wieder frei. Die theoretisch erreichbare Nutzarbeit ist deshalb durch die freie Reaktionsenthalpie beschränkt. Der thermodynamische Wirkungsgrad einer Brennstoffzelle wird durch das Verhältnis von freier Reaktionsenthalpie ΔG zu gesamter Reaktionsenthalpie ΔH berechnet[40]. Die Differenz der beiden wird in Form von Wärme dissipiert.

---

[40] Vgl. Geitmann, Wasserstoff und Brennstoffzellen, 2004, S. 139

Bei Standardbedingungen ergibt sich somit ein maximaler Wirkungsgrad von:

$$\eta_{BZ} = \frac{\Delta G^\circ}{\Delta H^\circ} = 0,83 \tag{11}$$

Der theoretisch erreichbare Wirkungsgrad liegt bei 83 %. Wie bereits in Kapitel 2.2.3.3 aufgezeigt, sinkt die freie Reaktionsenthalpie ΔG gemäß erster Ulich-Näherung (Formel 6) linear mit steigender Temperatur. Deshalb sinkt auch der theoretische Wirkungsgrad von Brennstoffzellen proportional zur steigenden Temperatur. In Bild 6 sind die thermodynamischen Wirkungsgrade von Brennstoffzellen und Wärme-Kraft-Maschinen als Funktion der Temperatur (Einheit Kelvin) aufgezeigt. Man erkennt, dass erst bei sehr hohen Temperaturen (über 1000 K) der Carnot-Wirkungsgrad über dem theoretischen Brennstoffzellen-Wirkungsgrad liegt. Bei tiefen Temperaturen ist der Brennstoffzellen-Wirkungsgrad deutlich höher.

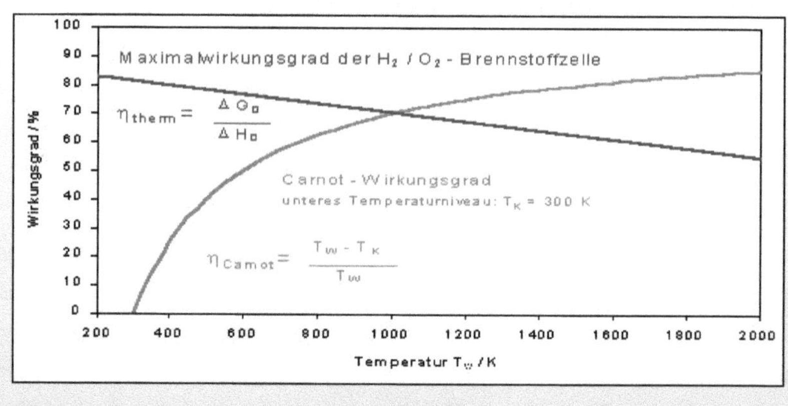

Bild 6: Vergleich zwischen thermodynamischem Wirkungsgrad für Brennstoff-zellen und Carnot-Wirkungsgrad für Wärmekraftmaschinen[41]

---

[41] Aus www2.fz-juelich.de/ief/ief-3/brennstoffzellen/entwicklungsthemen

Die tatsächlich erreichten Wirkungsgrade sind jedoch aufgrund von Verlusten in der Brennstoffzelle geringer. Diese Verluste werden durch den Spannungs-, den Umsatz- und den Betriebswirkungsgrad ausgedrückt[42].

Der Spannungswirkungsgrad ergibt sich aus der Tatsache, dass die nutzbare Spannung geringer ist als das thermodynamische Potential, da irreversible Prozesse im Innern der Brennstoffzelle ablaufen (Spannungsabfall). Der Spannungswirkungsgrad berechnet sich deshalb als Quotient aus tatsächlich nutzbarer Spannung zur Spannung, die gemäß dem thermodynamischen Potential vorliegen müsste (siehe Formel 12).

$$\eta_v = \frac{U}{U\ (thermoneutral)} \tag{12}$$

In der Praxis liegt der Spannungswirkungsgrad zwischen 60 und 70 %.

Der Umsatzwirkungsgrad (auch Faraday-Wirkungsgrad genannt) ist ein Maß für die Ausnutzung der Reaktionsgase, der kleinere Verluste infolge von Leckagen und Gasdiffusion aus dem Reaktorraum berücksichtigt. Praxiswerte für den Betriebswirkungsgrad liegen zwischen 96 und 98 %.

Der Betriebswirkungsgrad bezieht den Eigenbedarf der Brennstoffzelle und Verluste bei der Stromaufbereitung ein. Er liegt in der Praxis bei 90 bis 92 %.

Der Gesamtwirkungsgrad berechnet sich dann zu:

$$\eta_{BZ,\ real} = \eta_v \cdot \eta_F \cdot \eta_B = 0{,}52 \ldots 0{,}63 \tag{13}$$

Der tatsächliche Gesamtwirkungsgrad von Brennstoffzellen liegt gemäß dieser Rechnung zwischen 52 und 63 %.

---

[42] Siehe Sternfeld, Vorlesungsskript Wasserstofftechnik, 2011. Die Praxiswerte für die verschieden Wirkungsgrade wurden von dort übernommen.

Eine Brennstoffzelle ist somit auch in der Praxis potentiell effizienter als Wärme-Kraft-Maschinen, deren Wirkungsgrade in der Regel bei knapp 40 % liegen. Zur Beurteilung von Aufwand und Ertrag muss jedoch die gesamte Wirkkette von der Herstellung und Speicherung bis zur Rückverstromung betrachtet werden (wirtschaftliche Betrachtungen siehe Kapitel 4).

Der stationäre Einsatz von Brennstoffzellen kann sich über einen weiten Leistungsbereich erstrecken. Es sind kleine Systeme mit einer Leistung von 2 bis 5 kW zur Versorgung von Einfamilienhäusern, Systeme mit mehreren Hundert Kilowatt beispielsweise für Krankenhäuser oder Schulen sowie Großkraftwerke mit Leistungen im Megawattbereich möglich. Im Kraftwerksbetrieb sind laut [13] bei entsprechender Nutzung der Abwärme Wirkungsgrade bis zu 75 % möglich[43].

Neben der erwähnten hohen Stromkennzahl hat die Brennstoffzelle eine Reihe weiterer Vorteile. Der Betrieb ist beispielsweise sehr geräusch- und wartungsarm. Bei der Verbrennung von Wasserstoff mit Sauerstoff entstehen geringe bis vernachlässigbare Emissionen, die Abgasprodukte sind weitestgehend umweltneutral. Nachteilig sind die momentan noch sehr hohen Brennstoff-, Material- und Fertigungskosten, die mangelnde Brennstoffinfrastruktur sowie das schlechte Kaltstartverhalten.

Brennstoffzellen weisen ein großes Entwicklungspotential auf. Es ist allerdings noch viel Forschungs- und Entwicklungsarbeit nötig. Eine Weiterentwicklung in jüngster Zeit ist beispielsweise die reversible Brennstoffzelle, die den Verbrennungs- und Elektrolyseprozess kombinieren[44].

---

[43] Siehe Geitmann, Wasserstoff und Brennstoffzellen, 2004, S. 189

[44] Vgl. www.ise.fraunhofer.de

3.2 Alternativen zur Nutzung des Wasserstoffs in Brennstoffzellen

Neben der Brennstoffzelle gibt es weitere Möglichkeiten aus dem Sekundärenergieträger Wasserstoff elektrische und thermische Energie im Kraftwerksbetrieb zurückzugewinnen. Beispielsweise können konventionelle Dampfturbinenprozess mit einer Wasserstoff-Zusatzfeuerung ausgestattet werden. Der Wasserstoff kann dann fossile Zusatzbrennstoffe wie Erdöl oder Erdgas ersetzen.

Möglich ist auch ein Wasserstoff-Sauerstoff-Turbinenprozess. In solchen Anlagen fördert ein Verdichter elektrolytisch erzeugten, gasförmigen Wasserstoff und Sauerstoff (z.B. aus der Umgebungsluft) in die Brennkammer, wo eine stöchiometrische Verbrennung[45] stattfindet. Je nachdem, ob es sich um einen Gas- oder Dampfturbinenprozess handelt, wird dann eine Gas- oder eine Dampfturbine angetrieben. Es besteht auch die Möglichkeit einer Kombination dieser beiden Prozesse. Diese nennt man dann Gas- und Dampfturbinenkraftwerk (GuD-Kraftwerk). Die Gasturbine dient dabei als Wärmequelle für einen nachgeschalteten Abhitzekessel, der wiederum als Dampferzeuger für die Dampfturbine wirkt. Durch diese Kombination lässt sich der Wirkungsgrad auf über 50 % steigern[46].

Eine weitere Möglichkeit ist die Zusatzeindampfung von Wasserstoff in Grund- und Mittellastkraftwerken. Fossil gefeuerte Kraftwerke (z.B. Braun- oder Steinkohlekraftwerke) können so mit einem Wasserstoff-Sauerstoff-Dampfturbinenprozess verbunden werden. In Schwachlastzeiten könnte mit dem überschüssigen Strom elektrolytisch Wasserstoff hergestellt werden, der dann in Spitzenlastzeiten wieder umgewandelt wird. So würde der Spitzenlaststrom unmittelbar am Ort der Primärstromerzeugung gewonnen werden, was den Vorteil keiner oder nur geringfügiger Zusatzinvestitionen mit sich bringt. Der Wirkungsgrad der Wasserstoffverbrennung entsprä-

---

[45] Bei einer stöchiometrischen Verbrennung wird genau so viel Sauerstoff zugegeben, wie zur vollständigen Oxidation des Brennstoffes nötig ist.

[46] Siehe Sternfeld, Vorlesungsskript Wasserstofftechnik, 2011

che etwa dem der Primärstromerzeugung. Der Nachteil ist, dass es bei dieser Möglichkeit die regenerativen Primärenergien nicht mit einbezogen sind.

3.3 Pilotprojekt eines Wasserstoff-Hybridkraftwerks

Ende Oktober 2011 nahm die Firma *Enertrag AG* im brandenburgischen Prenzlau ein Pilotprojekt eines Wasserstoff-Hybridkraftwerks mit einer Gesamtinvestitionssumme von 21 Mio. € in Betrieb[47]. In diesem Kraftwerk werden regenerative Energien im Verbund eingesetzt, nämlich Windenergieanlagen, ein Biogaskraftwerk, eine Anlage zur elektrolytischen Erzeugung von Wasserstoff, dazu noch ein Blockheizkraftwerk sowie Tanks für Wasserstoff und Biogas. Ein Überblick über das Wasserstoff-Hybridkraftwerk ist in Bild 7 dargestellt.

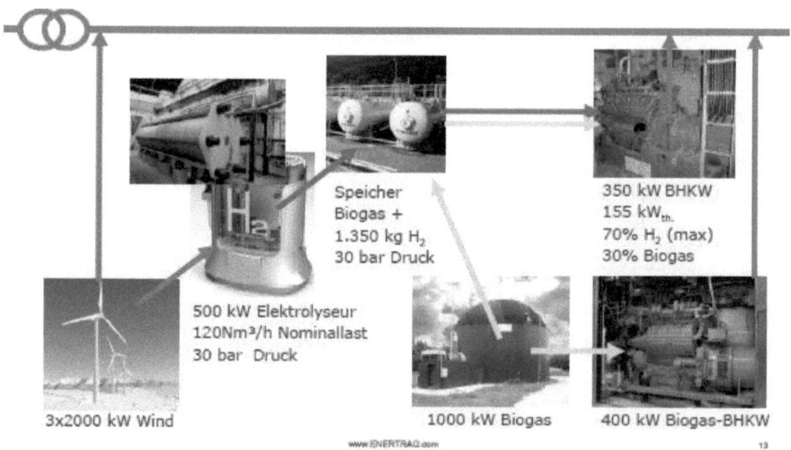

Bild 7: Überblick über das Wasserstoff-Hybridkraftwerk in Prenzlau[48]

---

[47] Informationen zum Kraftwerk siehe

www.eurosolar.de/de/images/stories/pdf/Enertrag_Hybridkraftwerk.pdf

[48] Aus www.eurosolar.de/de/images/stories/pdf/Enertrag_Hybridkraftwerk.pdf

Drei Windturbinen mit einer Nennleistung von 2,3 MW stehen zur Stromerzeugung zur Verfügung, die jährlich 16 Gigawattstunden elektrische Energie produzieren. Das Hybridkraftwerk soll die Fluktuation der Windenergie ausgleichen. Wird durch die Windräder zu viel Strom erzeugt, wird dieser in den Elektrolyseur geleitet, wo mit dem Strom Wasserstoff erzeugt und in Tanks zur Speicherung geleitet wird. Erzeugen die Windräder zu wenig oder gar keinen Strom, wird mit der Biogasanlage und dem produzierten Wasserstoff der fehlende Strom in einem Blockheizkraftwerk generiert. Das Blockheizkraftwerk verbrennt den gasförmigen Wasserstoff und wandelt ihn in Strom und Wärme um.

Laut *Enertrag* beträgt der elektrische Wirkungsgrad der Elektrolyse zwischen 75 und 82 %, die Rückverstromung wird mit 38 % elektrischem Wirkungsgrad angegeben[49]. Beides kombiniert ergäbe einen elektrischen Wirkungsgrad von 28,5 bis 31 %. Zusätzlich wird der in der Elektrolyse gebildete Wasserstoff noch über zwei Kompressoren auf 42 bar verdichtet und in stationäre Druckgasspeicher geleitet. Auch dafür ist elektrische Energie nötig. Die Nutzung der entstehenden Abwärme für Heizzwecke verbessert den Gesamtwirkungsgrad zwar etwas, die von *Enertrag* angegebenen 65 % Gesamtwirkungsgrad[50] erscheinen jedoch sehr hoch gegriffen.

---

[49] Siehe Enertrag AG, Fragen und Antworten, 2011, S. 4
[50] Siehe Enertrag AG, Fragen und Antworten, 2011, S. 5

4 Wirtschaftlichkeit der Wasserstoffwirtschaft

Neben der technischen Machbarkeit muss auch die Wirtschaftlichkeit einer Wasserstoffwirtschaft bewertet werden. Diese entscheidet mit darüber, ob und an welchem Punkt ein sinnvoller Einstieg in eine Wasserstoffwirtschaft stattfindet und welche der Verfahren und Technologien eingesetzt werden können.

Allgemein bietet die Wirtschaftlichkeit ein Maß für den finanziellen Ertrag im Verhältnis zum finanziellen Aufwand. Als wirtschaftlich kann eine Technologie dann bezeichnet werden, wenn der Ertrag größer als ihr Aufwand und zusätzlich noch größer als der Ertrag von konkurrierenden Vorhaben oder Produkten ist.

Bei der Wirtschaftlichkeit ist zwischen den Begriffen "Kosteneffizienz" und "Energieeffizienz" zu unterscheiden. Kosteneffizienz ist ein Maß für den Geldertrag unter Berücksichtigung der eingesetzten Kosten. Je kosteneffizienter eine Technologie, desto höher ist ihre Wirtschaftlichkeit. Bei Stromspeichern zeichnen sich kosteneffiziente Technologien durch niedrige Stromgestehungskosten aus. Stromgestehungskosten umfassen dabei alle Kosten, die bei der Erzeugung von Strom auftreten, also auch Anschaffungs-, Finanzierungs- und Betriebskosten. Energieeffizienz hingegen stellt ein Maß für den Energieertrag unter Berücksichtigung der eingesetzten Energie dar. Je energieeffizienter eine Technologie ist, umso höher ist ihr Wirkungsgrad. Kosteneffizient geht dabei nicht zwingend mit Energieeffizienz einher. So hat beispielsweise ein Kohlekraftwerk mit Wirkungsgraden zwischen 30 und 40 % eine schlechte Energieeffizienz, ist aber wegen des niedrigen Kohlepreises sehr kosteneffizient und damit auch wirtschaftlich.

Bei der Ermittlung der Effizienz einer im technischen Teil (siehe Kapitel 2 und 3) beschriebenen Wasserstoffwirtschaft muss die gesamte Umwandlungskette von der Herstellung des Wasserstoffs bis zur Erzeugung der Nutzenergie für den Verbraucher betrachtet werden.

Die Stromgestehungskosten für eine Kilowattstunde elektrischer Energie, die aus dem aus Primärenergieträgern erzeugten Sekundärenergieträger Wasserstoff hergestellt werden, betragen im Moment ca. 0,53 € (vgl. Kapitel 5, Tabelle 5). Vergleicht man dies mit dem durchschnittlichen Strompreis in Deutschland (Durchschnitt für Haushalte ca. 0,26 €/kWh) wird deutlich, dass die Kosteneffizienz einer Wasserstoffwirtschaft aktuell relativ gering ist. In Bild 8 sind die Stromgestehungskosten verschiedener Stromspeicher gegenübergestellt. Die Stromgestehungskosten von Wasserstoff liegen deutlich über denen von Langzeitspeichern wie Pumpspeicherkraftwerken und auch über denen von Redox-Flow-Batterien oder Blei-Säure-Akkumulatoren (elektrochemische Speicher). Lediglich Lithium-Ionen-Akkumulatoren (ebenfalls elektrochemische Speicher) übertreffen den Wasserstoff in Sachen Stromgestehungskosten nochmals deutlich.

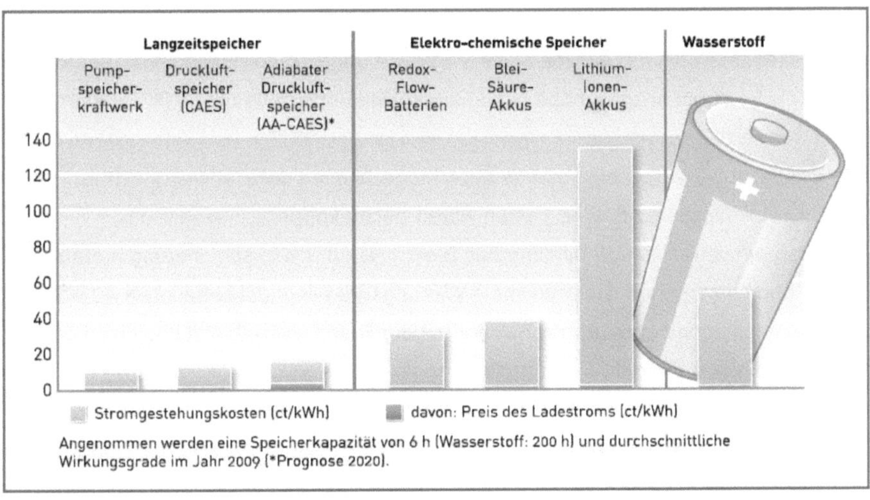

Bild 8: Stromgestehungskosten verschiedener Stromspeicher in Cent/kWh[51]

Es wird jedoch prognostiziert, dass beispielsweise mittels Windenergie aus Offshore-Kraftwerken mittelfristig Wasserstoff wesentlich günstiger bereitgestellt werden

---

[51] Aus Renews Spezial, Ausgabe 57, 2012, S. 8

kann[52], was zu einer Senkung der Stromgestehungskosten und somit zur Steigerung der Kosteneffizienz führen würde.

Die Einschätzung der Wirkungsgrade ist teilweise noch etwas ungenau, da sich einige der oben genannten Verfahren und Technologien noch in der Entwicklung befinden und praktische Erfahrungen fehlen. Fundierte Aussagen zur Energieeffizienz einer Wasserstoffwirtschaft sind daher schwierig zu treffen. Dennoch lassen sich in der Fachliteratur einige Angaben finden.

Der Gesamtwirkungsgrad der Prozesskette von der elektrolytischen Wasserstofferzeugung, der Speicherung und des Transports, bis zur energetischen Verwertung in der Brennstoffzelle wird mit einem Wirkungsgrad zwischen 17,5 und 36 % angegeben[53]. Im Vergleich zu Langzeitspeichern und elektrochemischen Speichern (siehe Kapitel 1, Bild 1) ist dieser Wirkungsgrad sehr gering. Es ist jedoch festzuhalten, dass an jedem Punkt der Prozesskette Verbesserungen möglich sind. Würden alle Potentiale komplett ausgeschöpft, sind Gesamtwirkungsgrade um 50 % denkbar.

Wie in Kapitel 3.2 aufgezeigt, gibt es auch Möglichkeiten der kraftwerkstechnischen Nutzung von Wasserstoff. Eine Option wären netzgekoppelte Wasserstoff-Speicherkraftwerke als Kombination aus Elektrolyseur, Druckspeicherung in Salzkavernen und Gasturbinen. Der maximale Wirkungsgrad liegt dabei bei etwa 40 %[54]. Durch Kombination derartiger Kraftwerke mit der Brennstoffzellentechnologie könnten höhere Wirkungsgrade erreicht werden.

Ein ähnlicher Systemwirkungsgrad von ca. 42 % wird einer Prozesskette zugeschrieben, die die elektrolytische Wasserstofferzeugung aus Überschussstrom, die Wasserstoffspeicherung sowie die Rückverstromung im Gas- und Dampfturbinenkraftwerk umfasst[55].

---

[52] Siehe auch Nitsch, Potentiale der Wasserstoffwirtschaft, 2002, S. 11

[53] Vgl. Koordinierungskreis Chemische Energieforschung, Energieversorgung der Zukunft, 2009,S. 31

[54] Siehe Smolinka et al., NOW-Studie, 2011, S. 4

[55] Vgl. Klaus et al., Energieziel 2050, 2010, S. 54

Vergleicht man diese Gesamtwirkungsgrade mit denen der fossilen Energiewirtschaft, zeigt sich, dass eine Wasserstoffwirtschaft in Sachen Energieeffizienz durchaus konkurrenzfähig ist. So hat beispielsweise die Prozesskette der Stromerzeugung aus Steinkohlekraftwerken zusammen mit dem Stromtransport zum Verbraucher einen Gesamtwirkungsgrad von ungefähr 35 %.

Die Brennstoffkosten solcher Steinkohlekraftwerke sind jedoch wesentlich geringer als die der oben genannten Kraftwerke zur Wasserstoffverwertung. Aus diesem Grund eignet sich die Rückverstromung von Wasserstoff höchstens für Spitzenlastkraftwerke. Im Gegensatz zu Grund- oder Mittellastkraftwerken dürfen die Brennstoffkosten bei Spitzenlastkraftwerken aufgrund der geringen jährlichen Auslastung relativ hoch sein. Um wirtschaftlich eingesetzt werden zu können, müssen jedoch die spezifischen Investitionskosten[56] niedrig sein.

In Tabelle 4 werden noch einmal Gesamtwirkungsgrade verschiedener Nutzungsketten aufgelistet. Es wird deutlich, dass die Prozesskette von der Wasserstofferzeugung aus regenerativem Strom bis hin zum Strom beim Verbraucher (Wirkungsgrad 20 %) in Sachen Energieeffizienz (noch) keine Konkurrenzfähigkeit zu fossilen Prozessketten, wie der Erdgasverstromung, aufweist.

Tabelle 4: Gesamtwirkungsgrad verschiedener Nutzungsketten[57]

Erzeugung/Speicherung/Transport/Nutzung: Strom regenerativ - Wasserstoff - Strom beim Verbraucher	0,2
Erzeugung/Speicherung/Transport/Nutzung: Erdgas - Strom beim Verbraucher	0,5
Ergas (Primärenergieträger) - Strom - Elektrolyse - Wasserstoff	0,4
Strom regenerativ (Primärenergieträger) - Elektrolyse - Wasserstoff	0,5

---

[56] Unter spezifischen Investitionskosten versteht man alle Kosten (ohne Brennstoffkosten), die zur Erzeugung einer Kilowattstunde elektrischer oder thermischer Energie aufgebracht werden müssen.

[57] Aus Baerns et al., Technische Chemie, 2006, S, 422

Betrachtet man alle oben angeführten Fakten, so entsteht der Eindruck, dass eine Wasserstoffwirtschaft momentan eine sehr geringe Wirtschaftlichkeit aufweist. Man muss jedoch dabei bedenken, dass auch andere neu eingeführte Technologien (z.B. Photovoltaikanlagen zur Stromerzeugung) zunächst durch staatliche Maßnahmen wie z.B. Förderung wirtschaftlich gemacht wurden oder werden.

Weiterhin gibt es einige Faktoren, die die Wirtschaftlichkeit einer Wasserstoffwirtschaft in Zukunft deutlich erhöhen werden. Dies ist zum einen die Verknappung fossiler Energieträger, was mit einer Preissteigerung und damit einer geringeren Kosteneffizienz dieser Technologien einhergeht. Außerdem besteht großes Forschungs- und Entwicklungspotential bei den Wasserstofftechnologien in allen Bereichen (Erzeugung, Speicherung, Nutzung). Um die Klimaschutzziele der Bundesregierung (z.B.
80 % weniger Kohlenstoffdioxid bis 2050) einzuhalten, müssen die regenerativen Energien und damit auch die Speichertechnologien in Zukunft verstärkt gefördert werden. Auch diese Förderung würde die Wirtschaftlichkeit einer Wasserstoffwirtschaft zumindest für Kraftwerksbetreiber weiter erhöhen.

Es gibt allerdings auch Faktoren, die die Wirtschaftlichkeit einer Wasserstoffwirtschaft momentan und auch in Zukunft verringern. Diese liegen vor allem in den hohen Investitionskosten, die zur Einführung neuer Technologien auf dem Markt nötig sind. Ein weiterer Faktor ist, dass auch das Potential der Effizienzsteigerung einiger konventioneller Technologien (z.B. Verbrennungsmotoren oder Hybridantriebe) noch nicht ausgeschöpft ist, wodurch eine Konkurrenzsituation beispielsweise in Sachen Förderung für Forschung und Entwicklung entsteht.

Alle regenerativen Energien und Technologien und somit auch die Wasserstoffwirtschaft haben noch ein zusätzliches Problem gemeinsam. Dieses liegt darin, dass die ökologischen und sozialen Folgen und die Folgekosten (durch den Beitrag zum Klimawandel) der fossilen Energiewirtschaft schwer zu quantifizieren sind und in Wirtschaftlichkeitsbetrachten meist nicht einbezogen werden. Dies verringert die Wirtschaftlichkeit einer Wasserstoffwirtschaft gegenüber einer fossilen Energiewirtschaft stark.

Da aber die Einführung regenerativer Technologien unumgänglich ist, sollten Wirtschaftlichkeitsbetrachtungen eigentlich nur direkt zwischen diesen Technologien stattfinden.

5 Fazit

In Tabelle 5 sind nochmals einige wichtige Kennzahlen von Wasserstoffspeichern zusammengefasst.

Tabelle 5: Kennzahlen Wasserstoffspeicher[58]

Einsatzgebiet	Langzeitspeicher; Spannungsregulierung
Wirkungsgrad	20 – 40 %
Leistung	kW- bis GW-Bereich
Energiedichte	33.000 Wh/kg 2.300 Wh/l
Entladezeit	Sekunden bis Tage
Selbstentladerate	0 bis 1 % pro Tag
Spezifische Investitionskosten	noch nicht ausweisbar
Marktstadium	Prototypen; kommerzielle Anwendung noch ausstehend
Stromgestehungskosten	53 ct/kWh (Annahmen: 200 Stunden Speicherkapazität, 2 ct/kWh Preis für Ladestrom, Wirkungsgrad Elektrolyse: 70 %, Wirkungsgrad GuD-Kraftwerk zur Rückverstromung: 57 %)

Betrachtet man die Fazits, die in der Fachliteratur gezogen werden, fällt auf, dass der Wasserstoff von einigen als Schlüssel zur weltweiten nachhaltigen Energiewirtschaft angesehen wird[59], von anderen jedoch als überschätzt angezweifelt und skeptisch betrachtet wird. So schätzt beispielsweise der Fachverband erneuerbarer Energien geschätzt, dass erst ab einem Anteil erneuerbarer Energien von mindestens 50 % der Stromerzeugung Wasserstoff überhaupt eine Option darstellt[60]. Dieser Wert soll entsprechend den Zielen der Bundesregierung für den Ausbau erneuerbarer Energien erst 2030 erreicht werden (siehe Kapitel 1, Tabelle 1).

Zieht man aus den in den vorhergehenden Kapiteln angeführten Themen ein Fazit, so erkennt man, dass eine Wasserstoffwirtschaft technisch schon heute machbar ist. Forschungs- und Entwicklungsbedarf besteht jedoch noch bei allen dazugehörigen

---

[58] Aus Renews Spezial, Ausgabe 57, S. 22

[59] Siehe z.B. Geitmann, Wasserstoff und Brennstoffzellen, 2004

[60] Renews Spezial, Ausgabe 57, S. 21

Technologien, angefangen von der Elektrolyse über die Speicherung bis hin zur Rückverstromung in der Brennstoffzelle bzw. im kraftwerkstechnischen Betrieb. Von der wirtschaftlichen Seite betrachtet sieht es im Moment so aus, dass eine Wasserstoffwirtschaft durch die geringe Kosteneffizienz und die anderen Technologien allenfalls gleichwertige Energieeffizienz, noch nicht konkurrenzfähig ist. Besonders die Prozesskette der elektrolytischen Wasserstoffgewinnung, Speicherung und Rückverstromung in der Brennstoffzelle ist mit Wirkungsgraden um 20 % ineffizient und sehr teuer. Als deutlich energieeffizienter erweist sich der Einsatz im Kraftwerksbetrieb, vor allem in Gas- und Dampfturbinenanlagen. Generell sind jedoch Forschungsarbeiten zum Austausch teurer Materialen sowie zur Erhöhung der Leistungsfähigkeit nötig, damit die Wasserstoffwirtschaft mit anderen Technologien konkurrieren kann.

Fakt ist allerdings, dass es bei einem, durch die Energiewende und die Beschlüsse der Bundesregierung zwangsläufigen, verstärkten Ausbau fluktuierend einspeisender regenerativer Energietechnologien zu Veränderungen in der momentanen Stromversorgung kommen muss. Ob der Ausbau bestimmter Stromspeicher ökonomisch sinnvoll ist, muss mit Maßnahmen abgewogen werden, die zusätzliche Stromspeicher überflüssig machen. Solche Maßnahmen sind ein Ausbau der Stromnetze, eine Erleichterung von Stromimport und –Export sowie eine gezielte Steuerung der Verbraucherseite durch Netzmanagement und intelligente Stromzähler.

Der Ausbau der Stromnetze geht momentan jedoch nur äußerst langsam voran. Auch beim Stromimport geht es immer wieder Probleme und Kontroversen. So kann Deutschland beispielsweise durch seine Abhängigkeit von Erdgas aus osteuropäischen Staaten politisch unter Druck gesetzt werden. Weiterhin wird momentan bei erhöhter Stromnachfrage Strom z.B. aus veralteten Kernkraftanlagen aus Nachbarländern bezogen, was eine Abschaltung der modernen deutschen Kernkraftwerke aus Sicherheitsgründen ad absurdum führt.

Aus diesen Gründen ist ein Ausbau von Stromspeichertechnologien als Regelreserve für erneuerbare Energien unumgänglich. Energie, die in Schwachlastzeiten vom Verbraucher nicht genutzt wird und nicht gespeichert werden kann, würde verloren gehen und bei großer Nachfrage nicht zur Verfügung stehen.

Wird der Ausbau von Stromspeichern vorangetrieben, ist die Wasserstoffwirtschaft eine gute Option. Im Vergleich zu platzintensiven Pumpspeicherkraftwerken, deren Potential bereits nahezu erschöpft ist, kann sie Schwankungen in der Einspeisung besser über längere Zeiträume kompensieren. Der Vorteil gegenüber elektrochemischen Speichern (Akkumulatoren) ist der in der Regel geringere Materialaufwand und Platzbedarf. Einmal hergestellt, ist Wasserstoff über die gesamte Energiewandlungskette umwelt- und klimaökologisch nahezu sauber. Weiterhin gibt er, wie auch andere Stromspeichertechnologien, Ländern mit hoher Abhängigkeit von Energieimporten wie Deutschland die Chance, diese Abhängigkeit zu verringern.

Innerhalb der Wasserstoffwirtschaft bietet die Elektrolyse von Wasser eine verhältnismäßig einfache, wirkungsvolle Methode der Wasserstoffgewinnung. Bei der Wasserstoffspeicherung sind beim großtechnischen Einsatz große unterirdische Speicher eine der besten Lösungen. Die von der Erdgasnutzung bestehende Infrastruktur könnte so zumindest teilweise genutzt werden. Bei der Rückverstromung ist ein äußerst effizienter Einsatz des Wasserstoffs entscheidend. Aus diesem Grund kommen nur Kraft-Wärme-Kopplungsanlagen und hocheffiziente Strom- und Wärmeerzeuger in Frage. Bei der Brennstoffzellentechnologie besteht noch großer Entwicklungsbedarf, bevor ein großflächiger Einsatz sinnvoll ist.

Schlussendlich wird festgestellt, dass es zwar noch eine Weile dauert, bis ein Einstieg in eine Wasserstoffwirtschaft sinnvoll ist, der Wasserstoff jedoch in Zukunft eine wichtige Rolle in der Energieversorgung spielen kann und wohl auch wird.

Literaturverzeichnis

[1]   Arlt, W.: Carbazol – Das elektrische Benzin?, in Elektor: Erscheinungsdatum
30.06.2011, Online im Internet, http://www.elektor.de/elektronik-
news/carbazol-das-elektrische-benzin.1872340.lynkx (2011), Abfrage vom
04.11.2012

[2]   Atkins, P.: Physikalische Chemie, Übersetzt und ergänzt von A. Höpfner, 2.,
korrigierter Nachdruck der 1. Auflage (1990), Weinheim: VCH-
Verlagsgesellschaft mbH

[3]   Baerns, M. / Behr A. / Brehm A. / Gmehling J. / Hofmann H. / Onken U. / Ren-
ken A.: Technische Chemie, 1. Auflage (2006), Weinheim: Wiley-VCH Verlag
GmbH & Co. KG

[4]   Brinner, A. / Hug, W.: Dezentrale Herstellung von Wasserstoff durch Elektrolyse (2002), Stuttgart: DLR / Karlsruhe: Hydrotechnik GmbH

[5]   Bundesministerium für Umwelt, Naturschutz und Reaktorsicherheit (Hrsg.):
Erneuerbare Energien in Zahlen – Nationale und internationale Entwicklung
(2012), Berlin: BMU

[6]   Deutsches Zentrum für Luft- und Raumfahrt e.V.: Kalte Verbrennung – Was ist
das? , Online im Internet, http://www.dlr.de/next/desktopdefault.aspx/tabid-
6774/11120_read-25352/ (2012), Abfrage vom 08.11.2012

[7]   Energieagentur NRW (Hrsg.): Wasserstoff. Nachhaltige Energie – stationär,
mobil. Zukunftsenergien. Unterstützt von Land und Wirtschaft (2007), Düssel-
dorf: Ministerium für Wirtschaft, Mittelstand und Energie

[8]   Enertrag AG: Energie nach Bedarf – Das Hybrid-Kraftwerk, Online im Internet,
http://www.eurosolar.de/de/images/stories/pdf/Enertrag_Hybridkraftwerk.pdf
(o.J.), Abfrage vom 26.10.2012

[9]   Enertrag AG: Fragen und Antworten – Enertrag Hybridkraftwerk, Online im Internet, https://www.enertrag.com/download/praesent/FAQ_Hybridkraftwerk.pdf (2011), Abfrage vom 22.10.2012

[10]   Europäisches Parlament (Hrsg.): Schriftliche Erklärung zur Schaffung einer umweltfreundlichen Wasserstoffwirtschaft und zur Initiierung einer dritten industriellen Revolution in Europa durch eine Partnerschaft mit den engagierten Regionen und Städten, KMU und Organisation der Zivilgesellschaft (2007), Erklärung 0016/2007

[11]   Frauenhofer-Institut für solare Energiesysteme (ISE): Reversible Brennstoffzellen, Online im Internet, http://www.ise.fraunhofer.de/de/geschaeftsfelder-und-marktbereiche/wasserstofftechnologie/wasserstofferzeugung-und-speicherung/projekte-elektrolyse/reversible-brennstoffzellen-langzeitspeicher-fuer-elektrische-energie (2012), Abfrage vom 10.11.2012

[12]   Forschungszentrum Jülich GmbH: Brennstoffzellen, Online im Internet, http://www2.fz-juelich.de/ief/ief-3/brennstoffzellen/entwicklungsthemen (2008), Abfrage vom 20.10.2012

[13]   Geitmann, S.: Wasserstoff und Brennstoffzellen – Die Technik von morgen (2004), Kremmen: Hydrogeit Verlag

[14]   Jasella UG & Co. KG (Hrsg.): Wasserstoff-Hybridkraftwerk – Pilotprojekt in Uckermark, in: Enerdream, Ausgabe 10 (2012), Online im Internet, http://www.enerdream.de/nachrichten/42-wasserstoff-hybridkraftwerk.html, Abfrage vom 14.10.2012

[15]   Klaus, T. / Vollmer, C. / Werner, K. / Lehmann, H. / Müschen K.: Energieziel 2050: 100 % Strom aus erneuerbaren Energien, Vorabdruck für die Bundespressekonferenz (2010), Dessau-Roßlau: Umweltbundesamt

[16]   Koordinierungskreis Chemische Energieforschung (Hrsg.): Energieversorgung
der Zukunft – Der Beitrag der Chemie, Eine qualitative Potentialanalyse, Posi-
tionspapier (2009)

[17]   Litzlfelder, M.: Neuer Antrieb für die Brennstoffzelle, in: Saale-Zeitung, Ausgabe 237 (2012), Bamberg: Mediengruppe Oberfranken – Zeitungsverlage
GmbH & Co. KG

[18]   Mahnke, E. / Mühlenhoff J.: Strom speichern, in: Agentur für Erneuerbare
Energien e.V. (Hrsg.): Renews Spezial, Ausgabe 57 (2012), Berlin

[19]   Merten, C.: Die Brennstoffzelle – Funktion der PEMFC, Online im Internet,
http://www.diebrennstoffzelle.de/zelltypen/pemfc/funktion.shtml (o.J.), Abfrage
vom 02.11.2012

[20]   Nitsch, J.: Potentiale der Wasserstoffwirtschaft – Gutachten für den Wissen-
schaftlichen Beirat der Bundesregierung Globale Umweltveränderungen
(2002), Berlin / Heidelberg / New York: Springer-Verlag

[21]   Rehmann, H.: Regenerative Energiespeicher der Zukunft, in: Stuttgarter Zeitung, Ausgabe 253 (2012), Stuttgart: Stuttgarter Zeitung Verlagsgesellschaft
mbH

[22]   Seilnacht, T.: Brennstoffzellen als Energiewandler, Online im Internet,
http://www.seilnacht.com/Lexikon/bzellen.html (o.J.), Abfrage vom 22.10.2012

[23]   Smolinka, T. / Günther, M. / Garche, J.: NOW-Studie: Stand und Entwicklungspotential der Wasserelektrolyse zur Herstellung von Wasserstoff aus regenerativen Energien, Kurzfassung des Abschlussberichts, Revision 1 (2011)

[24]   Sternfeld, H.: Vorlesungsskript Wasserstofftechnik (2011), Duale Hochschule
Baden-Württemberg, Mosbach

[25]   Tamme, R. / Sattler, C. / Jörissen, L.: Solarer Wasserstoff – Innovative Techniken zur Erzeugung, in: Forschungsverbund Sonnenenergie (Hrsg.): Themen 2002, Solare Kraftwerke (2002), Berlin: Selbstverlag

[26]   TÜV Süd Industrie Service GmbH: Wegweißer zum Thema Wasserstoff, Online im Internet, http://www.netinform.de/H2/Wegweiser (o.J.), Abfrage vom 08.10.2012

[27]   Von Oehsen, A. / Sterner, M. / Saint-Drenan, Y. / Gerhardt, N.: Anforderungen an den Fluktuationsausgleich für die Stromversorgung Deutschlands mit erneuerbaren Energien, Beitrag zum 11. Symposium Energieinnovation (2010), Graz / Kassel: Fraunhofer-Institut für Windenergie und Energiesystemtechnik